百角文库

走进
数学花园

马希文　著

中国少年儿童新闻出版总社
中国少年儿童出版社
北　京

图书在版编目（CIP）数据

走进数学花园 / 马希文著 . -- 北京 : 中国少年儿童出版社 , 2024.1（2024.7重印）
（百角文库）
ISBN 978-7-5148-8432-6

Ⅰ . ①走… Ⅱ . ①马… Ⅲ . ①数学 - 青少年读物 Ⅳ . ① O1-49

中国国家版本馆 CIP 数据核字 (2023) 第 254449 号

ZOU JIN SHU XUE HUA YUAN
（百角文库）

出 版 发 行： 中国少年儿童新闻出版总社
中国少年儿童出版社

执行出版人：马兴民

丛书策划：	马兴民　缪　惟	美术编辑：	徐经纬
丛书统筹：	何强伟　李　橦	装帧设计：	徐经纬
责任编辑：	李　华	标识设计：	曹　凝
责任校对：	夏明媛	插　图：	杜晓西
责任印务：	厉　静	封面图：	晓　劼

社　　址：	北京市朝阳区建国门外大街丙 12 号	邮政编码：	100022
编辑部：	010-57526336	总编室：	010-57526070
发行部：	010-57526568	官方网址：	www. ccppg. cn

印刷：河北宝昌佳彩印刷有限公司

开本： 787mm ×1130mm　1/32		印张： 3.25
版次： 2024 年 1 月第 1 版	印次：	2024 年 7 月第 2 次印刷
字数： 38 千字	印数：	5001-11000 册

ISBN 978-7-5148-8432-6　　　　　　　　　　定价： 12.00 元

图书出版质量投诉电话：010-57526069　　电子邮箱：cbzlts@ccppg.com.cn

序

    提供高品质的读物，服务中国少年儿童健康成长，始终是中国少年儿童出版社牢牢坚守的初心使命。当前，少年儿童的阅读环境和条件发生了重大变化。新中国成立以来，很长一个时期所存在的少年儿童"没书看""有钱买不到书"的矛盾已经彻底解决，作为出版的重要细分领域，少儿出版的种类、数量、质量得到了极大提升，每年以万计数的出版物令人目不暇接。中少人一直在思考，如何帮助少年儿童解决有限课外阅读时间里的选择烦恼？能否打造出一套对少年儿童健康成长具有基础性价值的书系？基于此，"百角文库"应运而生。

    多角度，是"百角文库"的基本定位。习近平总书记在北京育英学校考察时指出，教育的根本任务是立德树人，培养德智体美劳全面发展的社会主义建设者和接班人，并强调，学生的理想信念、道德品质、知识智力、身体和心理素质等各方面的培养缺一不可。这套丛书从100种起步，涵盖文学、科普、历史、人文等内容，涉及少年儿童健康成长的全部关键领域。面向未来，这个书系还是开放的，将根据读者需求不断丰富完善内容结构。在文本的选择上，我们充分挖掘社内"沉睡的""高品质的""经过读者检验的"出版资源，保证权威性、准确性，力争高水平的出版呈现。

通识读本，是"百角文库"的主打方向。相对前沿领域，一些应知应会知识，以及建立在这个基础上的基本素养，在少年儿童成长的过程中仍然具有不可或缺的价值。这套丛书根据少年儿童的阅读习惯、认知特点、接受方式等，通俗化地讲述相关知识，不以培养"小专家""小行家"为出版追求，而是把激发少年儿童的兴趣、养成正确的思考方法作为重要目标。《畅游数学花园》《有趣的动物语言》《好大的地球》《看得懂的宇宙》……从这些图书的名字中，我们可以直接感受到这套丛书的表达主旨。我想，无论是做人、做事、做学问，这套书都会为少年儿童的成长打下坚实的底色。

中少人还有一个梦——让中国大地上每个少年儿童都能读得上、读得起优质的图书。所以，在当前激烈的市场环境下，我们依然坚持低价位。

衷心祝愿"百角文库"得到少年儿童的喜爱，成为案头必备书，也热切期盼将来会有越来越多的人说"我是读着'百角文库'长大的"。

是为序。

马兴民

2023 年 12 月

目　录

写在前面的话

打开这本书，我将带你到数学的花园里去漫步。

你已经学了不少数学知识。这些知识都在数学花园的大门口，或者在进门不远的地方。这些地方已经修起了许多美丽的花坛花棚，盖起了许多高楼大厦。你学过的数学知识，是这些建筑的基础。

这一次，让我们尽可能走得远一些，去观赏一下数学花园里的新景色！

数学的花园很大，分成许多小区，这些小区叫作数学的分支。你学习的代数、几何，就是数学的分支。每一个分支，又分成许多小的分支。不论大的分支、小的分支，几乎都有我们的同胞在工作；有的分支，还留下了我们祖先深深的脚印。你一定想知道，这些能工巧匠在那里干些什么。

他们在锄地、灌水、栽花。他们在维修、改建和新建一座座精美的建筑。

随我一路走过去吧！各种各样的景色会引起你的喜爱和关注。

新奇的问题层出不穷，每一个分支里都有它独特的问题。有的你一眼就能看出它的实用价值，有的你会感到它是严肃的理论研究，有的你会觉得它是有趣的智力测验，有的还可能和你平时的看法不一致。

这些问题，在它们自己的分支里都是有资格的代表。

为了解决这些问题，人们已经花费了许多时间和精力。他们反复琢磨，有的提出了新的观点和思想，有的想到了新的方法和技巧。

看看他们的成绩，听听他们的议论，你就可以接触到现代数学的脉搏，感觉到它是在怎样跳动着。

希望你不要只是满足于看看而已。

每当遇到一个新的问题，你应当想一想，这是一个什么性质的问题，你能解决它吗？

每当听到一种新的思想，你应当想一想，这种思想的本质是什么，对你有没有启发？

每当看到一种新的方法，你应当想一想，这种方法妙在哪里，你能用它来解决其他问题吗？

不然的话，你会入宝园而空回。

数数问题

谁不会数数？这也算个问题？

当然啰，人有几根手指，屋子里有几把椅子，这谁都会数。

但是也有一些数，不能靠"1、2、3……"这样简单的办法去数。

比如中国有 10 多亿人口，如果 1、2、3……这样地数，就算 1 秒钟数 2 个，1 天 24 小时不停地数，也只能数 24×60×60×2=172800 个，1 年数 172800×365=63072000 个，10 多亿个就要数 20 多年。在这段时间内，不知有多少人死去，多少人出生，怎么数得清呢？

又比如教室里有多少座位，我们一般不是一个一个地数，而是数数有多少排，每一排有多少个座位，然后用乘法来计算。

有一些数字很大，又只需要一个比较粗略的近似值，这时候，我们就要利用种种办法进行估计。一本书有多少字？大体上可以用页数乘上每页的行数，再乘上每行的字数来估计。

不过，即使是估计，有时候也需要认真思考，才能找到一个切实可行的好办法。

例如，你头上有多少根头发？

据说，人的头发有几十万根之多，当然不可能一根一根地去数。你想用乘法来计算，可是头发不是成行成垄、整整齐齐地排好的。

　　一种切实可行的办法，是测量一下长着头发的皮肤面积有多大，再数一数 1 平方厘米的头皮上有多少根头发，这是可以数得清的。

　　当然啰，头上这 1 平方厘米和那 1 平方厘米的头发可能不一样多。我们可以仔细观察一下，选有代表性的 1 平方厘米。

　　数头发并不重要，数森林中的树有多少棵，可是一件重要的事。这两个问题十分相似，可以用相同的办法去解决。

但是，森林中的树长得有稀有密，我们很难走遍整个林区来挑选一块最典型的地方。这怎么办呢？

最好的办法是任意挑选若干块地方，分别计算，然后求出平均数来。数学的研究说明，平均数总是更加接近实际。

研究这类问题的数学叫作数理统计。这是现代数学中一个非常活跃的分支。这里用的方法，叫作抽样方法。

我们再举一个例子，来说明数理统计的用途。

水库里养了鱼，每年要捕捉一些供应市场

需要，爱吃鱼的人很多，最好多捕一些。捕得太多了，剩的就少，会影响鱼的繁殖，明年就捕不到多少鱼了。

为了掌握好捕鱼的数量，就需要知道水库里到底有多少鱼。这个问题看来和上面的问题很相像，其实要困难得多。因为鱼是游来游去的，而我们也不好选出 1 平方米水面，来数一数下面有多少鱼。

渔业人员想出了一个巧妙的办法，他们捕上 1000 条鱼，给每条鱼都做上记号，比如在尾巴上剪去一个小角，然后放回水中。

鱼儿到了水里就四散游开去。过了几天，这些鱼均匀地散布在水库的各个地方了。

渔业人员再捕上 1000 条鱼，一看，其中有 20 条是做过记号的。

他们想，如果水库中共有 x 条鱼，其中有

1000 条被我们做过记号，那么，做过记号的鱼占全部 x 条鱼的几分之几呢？当然是 $\frac{1000}{x}$ 了。现在捕了 1000 条鱼，其中有 20 条做过记号，也就是说，在这 1000 条鱼中，有记号的鱼占 $\frac{20}{1000} = \frac{1}{50}$。这个比和前面那个比的值，大体上应该是一样的。所以，$\frac{1000}{x} \approx \frac{1}{50}$。这样一来，就计算出 $x \approx 50000$ 了。

5 万条鱼，今年捕上三四万条，大概没问题吧！

这个问题，简直像一个简单的比例问题，其实不然。你也去那里捕 1000 条鱼，数数有几条是做过记号的，你敢保证也是 20 条吗？不敢吧!

实际情况必然是这样,每捕 1000 条鱼,其中做过记号的鱼的数目,不会是一成不变的。

比如说,你捕的 1000 条鱼中有 25 条是做过记号的,你列出的方程就会是 $\frac{25}{1000} \approx \frac{1000}{x}$,算出的结果是 $x \approx 40000$,比刚才算的少了 1 万条。那么,水库里到底有多少条鱼呢?

数理统计可以帮助我们解决这个问题。它告诉我们,在后捕上来的 1000 条鱼中有多少条做过记号,这个数目虽然不是固定不变的,但它有一定的变化规律。一旦掌握了这个变化规律,我们不但可以用比例的办法来估计出水库中鱼的总数,而且可以掌握这个估计会有多大的误差。数理统计还给我们提供了一些更好的办法，来帮助我们尽可能减少这种误差。

这样，就在数理统计的基础上，发展出一整套调查动植物资源和研究许多其他问题的方法。

关于考试的话

考试成绩公布了，大家都很关心。

考试得分多，固然好，得分少，也不必太

难受。因为考试是对某一阶段教学的检查，不但检查学生学得好不好，也检验老师教得好不好。不好怎么办呢？学生得想法子改进学习方法，老师也得想法子改进教学方法。

还有个问题，考试能不能真正反映教学成绩，还得看出题的人的水平。

我们请出题的人出两份性质一样的题，让50个学生重复考两次。如果出题的人水平很高，出的题目确实能够考出学生的学习成绩来，那么，每个学生在两次考试中得的分数应该基本相同。

说基本相同，就是不能绝对化。考分有偶然的成分。一个考90分的学生，不一定比考95分的学生差；在另一次考试中，他们俩的考分很可能调个个儿。但是无论如何，如果两份题性质一样，每个学生的两个考分应该是接近的。

我们把两次考试的成绩做一个统计：

第一次 ＼ 第二次	98~100	95~97	92~94	89~91	86~88	83~85	80~82	77~79	74~76	71~73	68~70	65~67	62~64
98~100	2	1											
95~97	1	4	2										
92~94	1	2	1										
89~91		1	1	1	1	1		1					
86~88				3	1	1	1				1		
83~85				1	1	2							
80~82					2	2							
77~79				↖						1			
74~76							1	1	1				
71~73							1			2	2		
68~70									1				
65~67								1		1			
62~64									1				2

当然啰，其中也有个别例外，比如有一个同学第一次考试分数在 86~88 之间，第二次却跑到 68~70 之间去了。这可以算作一种偶然情况。

前面是 50 个学生两次考试的成绩统计表。两份考题的性质是一样的。箭头指出的"2"是两个学生在第一次考试中得了 80~82 分，在第二次考试中得了 86~88 分，这表示两次考分的关系是很密切的。用数理统计的方法，可以算出两次考分的相关系数高达 0.96。这好比说，出题人的水平是 96 分。

考试成绩还可以说明更多的问题。比如说，这次考试是 10 个题，每题 10 分，那我们还可以列出一个每个人每道题得了多少分的表：

题号 姓名	1	2	3	4	5	6	7	8	9	10	总分
甲	10	10	10	10	10	8	8	10	10	8	94
乙	8	4	10	2	0	0	10	10	10	8	62
丙	10	6	10	0	5	10	8	10	6	6	71
…	…										
平均	9.6	7.4	9.8	4.8	5.5	7.7	8.9	9.8	9.6	6.6	80.7

这张表说明：第四题和第五题，同学们掌

握得不太好，是学习过程中的弱点所在；第三题和第八题，同学们基本上都答对了，可见掌握得都不错。如果这是物理考试，而四五两题都是有关电学的，那么，今后就应该加强电学方面的教学。

这种表是分析考卷的时候经常要用到的。根据是什么呢？就因为平均数是最能反映一般情况的。

当然啰，这样分析还嫌粗糙，因为一般考试题都带点儿综合性。还得把综合的东西分解开来，再做进一步的分析。

现代的数理统计，提出了许多很好的方法来处理这些问题。比如说，用因子分析和群分析的方法。我们可以从上面的表中，找出主要是哪些因素影响了学生的成绩：是掌握概念的程度吗？是灵活运用公式的能力吗？是逻辑推理的能力吗？还有没有其他未知的因素呢？

经过这样分析，把一次考试能说明的问题充分发掘出来，分数才能发挥它对改进教学方法、提高教学质量的指示作用。

人们在日常工作和生活中，常常碰到大量的数据资料。用数理统计的方法整理和研究这些资料，可以得到许多有指导意义的结论。因此，数理统计在近年来发展很快，应用范围正在不断扩大。

地图上的数学

几何学研究图形的性质。

自行车、课桌和形形色色的机器、车辆以及用具等，都是工业产品。在设计的时候，人们总是尽可能地采用直线、圆、三角形、四边形等简单的几何图形，为的是便于加工和配套，便于使用和修理。

　　自然形成的东西，形状往往要复杂得多。
我们常常说某某人是四方脸或者圆脸，那只是
一个大概的轮廓罢了。如果某个人的脸真是一
个端端正正的正方形，或者是一个浑圆的圆形，
那会把人吓得毛骨悚然的。

　　自然界里的东西，都不会是又整齐又简
单的图形，所以几何学不能只研究简单的几何
图形。

　　我们翻开一本地图来看一看，地图上就充
满了各种各样的复杂的图形，最主要的是曲线。

比如北京到天津的铁路是一段曲线，北京市的

边界是一条首尾相连的曲线。

大家都知道，量直线的长度可以用直尺，

量曲线的长度却没有"曲尺"。曲线的形状

千变万化，没有一种尺子可以对付各种不同的
曲线。

有一个办法可以量天津到北京的铁路线有
多长，就是用一根细线顺铁路线摆好；用笔在
线上做两个记号，表示北京和天津的位置；然
后把线拉直，用直尺量出两个记号之间的距离。

这个方法很不方便，而且效果很差，不信
你就试试。要使细线正好摆在铁路线上很困难，
如果反复做几次还会发现，各次量得的结果相
差很大。

有个比较好的办法：找一个两只脚都是铁
针的圆规，把两只脚张开到 1 厘米，使圆规的
一只脚放在天津的位置上，另一只脚落到铁路
线的一点上。以这个点为中心，旋转圆规，使
原来放在天津的位置上的那只脚，落到铁路线
的另一点上。这样一步一步地前进，直到圆规

的一只脚落到北京的位置上。你记住圆规走了几步，就知道铁路线的长度是多少厘米了。如果没有正好落在北京，而是稍微差一点儿，相应增减一点儿就行了。

当然，也可以把圆规的两只脚张开得小一些，比如说 0.5 厘米，或者 0.3 厘米，量出来的距离就更准确一些。这是什么道理呢？请看下面的图。

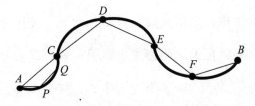

如果圆规两只脚张开的距离是 1 厘米，用来量图上 AB 这一段曲线，一共走了 5 步，分别

经过 C、D、E、F 各点。那么我们可以说，AB 这段曲线的长是 5 厘米。

但是仔细一看图，就知道这个数目并不正确。比如从 A 到 C 之间的直线，和 A 到 C 之间的曲线并不重合，还离得比较远，A 到 C 的直线距离是 1 厘米，而从 A 到 C 之间的曲线就比 1 厘米要长一些。

要是你把圆规两只脚的距离改成 0.5 厘米，再去量，你会发现，第一步落到 P 点，第二步落到 Q 点，就到不了 C 点，还差一点儿；接着量下去，第四步也到不了 D 点，而且差得多了一些。因此走满 10 步一定也到不了 B 点，还得走上一步或者两步才行。

这说明，用圆规去量曲线，量出来的长度总是比曲线的真正长度短一些。圆规的两只脚的距离越长，量出来的长度和真正的长度的差别越大。这个差别叫作测量误差。

所以在实际测量的时候，应该尽可能缩小圆规两只脚的距离，减少测量误差。

但是，误差总是无法避免的，除非把圆规的两只脚的距离缩小到零。可是这样一来，圆规只能在原地打转，无法前进一步，也就不能测量了。

有没有更好的办法呢？

有。如果曲线的真正长度是 l，用圆规来量：两只脚张开 1 厘米，量出的距离是 a，张开 0.5 厘米，量出的距离是 b；那么，前一次测量的误差是 $l-a$，后一次测量的误差是 $l-b$。

前面已经说过，圆规的两只脚张开越大，测量误差越大。把圆规的两只脚的距离从 1 厘米减到 0.5 厘米，误差就会减少一半左右，所以：

$$l - b = \frac{1}{2}(l - a)。$$

即 $l = 2b - a$。

用这个公式计算的结果，误差要小得多，也就是说更加符合实际。但是请注意：圆规两只脚的距离缩短一半，误差就减少一半，这不过是假定，并不是百分之百的精确。所以这个公式，还只是一个近似的公式。

以上所说的长度，是指地图上的那条曲线的长度。要想知道北京到天津的铁路线的实际长度，还要知道地图上的 1 厘米相当于地面上的多少厘米，这叫作比例尺。每张地图的比例尺，一般都标在地图的一个角落里。比如 1：4000000，就是地图上的 1 厘米相当于地面上 4000000 厘米，即 40 千米。在这样的地图上，一条长度为 5 厘米的曲线，相当于地面上的 40×5=200 千米。

北京市的面积有多大

在地图上不但可以量出距离，还可以算出面积。

比如一张 1∶4000000 的地图，图上 1 厘米相当于地面上 40 千米，即图上 1 厘米见方的正方形，就相当于地面上 40 千米见方的正方形。也就是地图上 1 平方厘米，相当于地面上 40×40=1600 平方千米。

根据这个道理，我们想知道北京市的面积，只要算出北京市在地图上的面积，就可以推算出来了。

但是，北京市在地图上的形状，并不是简单的几何图形，它的面积怎样计算呢？

找一块透明塑料板或者一张透明纸，每隔一定距离，比如说每隔 1 厘米点上一排点，点和点的距离也是 1 厘米。这个很整齐的"格点"就是我们的工具。

如果想计算某个图形的面积，我们就把格点板放在图形上，数一数有多少格点落到了图形内，图形的面积就是多少平方厘米。这是地质工作者常用的方法。

用这个方法求出来的面积是有误差的。你看，落在图形内的格点总是整数，而面积很可能不是整数。面积和格点是两种不同性质的量，比如让北京市的图形慢慢地变大，它的面积也会相应有所增加，所以面积是一种连续的量。格点的情况不是这样，它要么不变，要增加至少增加一个，所以是一种离散的量。但是在一定的误差范围内，这两种不同性质的量可以彼此代替。

上面说的求面积的方法，就是用离散量代替了连续量。这样做的误差有多大呢？误差不

会超过曲线的周长。

一般来说，这样的误差太大了。为了减少误差，可以把格点板转一个角度，重

数一遍。这样重复数几次，求个平均数，就能够得到很好的结果。

连续量和离散量的相互代替，是近几百年来在数学上十分引人关心的问题。有关连续量的数学——微积分、微分方程、复变函数等，都发展得很快，许多公式非常简洁，所以人们常常希望用连续的量去估计离散的量。例如著名的圆内整点问题，就是要用圆的面积（这很好计算）去估计圆内格点数（这可以数出来，但是找不到这个数和半径的关系式），并计算误差。

随着科学技术的发展，数学计算的对象越来越复杂。人们渐渐发现，用连续量写出来的方程有时候解不出来，或者求解的公式极其复杂，结果又产生了用离散量去估计连续量的问题。一个完整的数学理论，往往需要从连续到离散，又从离散到连续，反复多次才能完成。

把这种思想用到计算问题上，就是计算数学。现在有了电子计算机，计算数学越来越显得重要，它的面貌也在不断地更新。

四色问题

在有关地图的各种问题中，最使数学家感到困难但又充满兴趣、渴望解决的，要数四色问题了。

四色问题是怎么回事呢？

找一张中国地图，你看河北省染成了粉红的颜色，河南省染成了米黄的颜色……为什么要这样染颜色呢？当然不是因为河北省这块地方是粉红色的或者河南省这块地方是米黄色的。

地图上染的颜色和地面上天然的颜色并没有什么关系。地图染颜色，只不过为了醒目，看起来清楚一些。要是把一张中国地图全染成粉红色，你要找出河北省和河南省的分界线就困难了。

当然，也不必把每一个省都染成不同的颜色。相距较远的省，即使染成了相同的颜色，也不影响我们看地图。我们只要掌握一条染色原则：相邻的省要染上不同的颜色。

那么，我们至少要准备几种颜色呢？

为了回答这个问题，我们先做一个试验。

拿一张没有染色的中国地图来。再准备一

盒彩色笔。

我们从左上方开始吧。

你看，新疆、青海、甘肃3个省，它们两两相邻。根据前面说的原则，它们的颜色都不能相同。因此，你马上就得用到3支彩色笔。

比如说，甘肃染红色，青海染黄色，新疆染绿色。

好，为了节约颜色，尽可能只用这3种颜色，你现在把这3种颜色的笔留在桌上，把其他笔收起来。看看只用这3支笔，能不能把全国各省都按染色原则染上适当的颜色。

先看西藏。它一边挨着新疆，所以不能染绿色；它又挨着青海，所以不能染黄色；只剩下一支红笔可用了。我们只好把西藏染成红色。

四川呢？它和青海、西藏相邻，所以不能染成黄的或红的，只好染成绿的。

这样下去，陕西只好染成黄的，宁夏只好染成绿的。

好，山西应染成绿的，河南应染成红的。

湖北怎么办？

它的周围已经有河南、陕西、四川染了颜色，黄、红、绿都有，你只好再从彩笔盒中拿出一支别的颜色的笔，比如说蓝的来染湖北省了。

你也许会问，把河南、陕西、四川各省的颜色重新安排一下，能不能就不必拿出蓝色笔来呢？这是不可能的。前面已经说过，那些已经染过颜色的省，它们染什么颜色并不是任意选择的，只要新疆、甘肃、青海3个省的颜色确定了，四川、陕西、宁夏、山西、河南等省的颜色就成了定局。

当然，甘肃、青海、新疆3个省的颜色可以随便换。比如说，甘肃用黄的，青海用绿的，新疆用红的。那就会得到另一张彩色地图，这时，西藏也就改成了黄的，四川改成了红的……结果呢？到了要染湖北的时候，你还是得用第四种颜色。

换个说法就更清楚了。如果只用3种颜色，那么不管甘肃、青海、新疆染成什么颜色，西藏必须染甘肃的颜色，四川必须染新疆的颜色，陕西必须染青海的颜色，宁夏必须染新疆的颜色……结果是到了染湖北的时候，就会发现甘肃的颜色、新疆的颜色、青海的颜色都不能用了。怎么办呢？只好用第四种颜色了。

要不破坏前面所说的染色原则，用 3 种颜色是不可能的。现在有了 4 种不同颜色的笔可用，我们就有了很大的活动余地了。

你不妨再多试几张地图，甚至可以随便画一张地图，不论它有多少个地区，你总可以用 4 种颜色把它染好。当然，有的地图碰巧用 3 种颜色就可以了；有的也许比较难，要经过多次试验才能成功。但是有一条是肯定的，古今中外的一切地图，都可以用 4 种颜色来染色，而不破坏染色原则。

在古今中外的地图中没有碰到过例外，并不是永远不可能碰到例外。谁也不能保证不会发生这样的事：有一天，突然有个人画出一张地图，这个地图非用 5 种颜色来染色不可。

所以，一切地图都可以用 4 种颜色来染色，而不破坏染色原则，在没有得到证明之前，仍

红 黄 绿 蓝

旧是一个猜想。证明这个猜想，就是有名的四色问题。

乍一看，四色问题似乎并不难，仔细一想，这是一个很不简单的问题。因为要回答这个问题，就得考察一切可能画出来的地图，而一切可能画出来的地图多得不计其数，不可能一个一个地去试验。

数学家曾经把地图分成了许多不同的类型，每一次讨论一个类型。但是类型太多了，一类一类地研究，工作量还是太大，耗费了许多数学家的精力。

最后，电子计算机帮了人们的忙。它充分发挥高速度的优点，用千余小时检查了所有的类型，终于解决了四色问题，使这个猜想得到了证明，成为一条定理。

如果我们住在土星的光环上

　　土星的光环奇异好看。如果把土星去掉，

剩下一个光环，它就像一个扁扁的游泳圈。

　　如果我们居住在这样一个世界上，情况会

怎样呢？

天文学家会告诉你，这是不可能的。因为那里非常冷，没有大气，脚下不是坚实的土地，而是一些松散的冰块，或者是带冰的石块。

我们感兴趣的是另一个问题：要是把地球上的人和国家都搬到土星光环上去，那么，国家间的边界关系就大大变样了。

为了便于想象，你不妨在一个游泳圈上画一幅地图，把它当作土星光环上的地图。然后做一做染色试验，看需要几种颜色，才能按染色原则的要求，来染每一幅光环地图。

这个问题的答案是：7 种颜色。

当然啰，有的光环地图也许 6 色、5 色、4 色就够用了，而有些光环地图却要用 7 种颜色。也就是说，任何光环地图要染色，至多只要用 7 种颜色。

为什么光环地图要用 7 种颜色呢？道理很简单。因为在光环上，我们可以画出 7 个国家，其中任何一个国家都和其他 6 个国家相邻。按照染色原则，每一个国家的颜色，都不能和相邻的国家的颜色相同。这就必须用 7 种颜色，不能再少了。

你可能要问，上一节不是说了，任何地图都可以用 4 种颜色来染色，为什么这一节又说要用 7 种颜色呢？

上一节说的"四色"，指的是通常画在纸上的地图；这一节说的"七色"，指的是画在土星光环或者游泳圈上的地图。用数学的术语来说，前一种地图是画在平面上的，后一种地图是画在环面上的。

平面和环面难道有什么不同吗？

当然不同啰，平面是平的，向四面八方都可以伸展到无限远；环面是弯曲的、有限的。但是，平面和环面的这种不同，不会影响染色所需要的色的多少。

比如说，我们把地图不是画在无穷大的平面上，而只是画在一张圆纸片上，这丝毫也不会改变"四色"的要求。

又比如说，我们把地图画在一个鼓的鼓皮上，然后把鼓皮压成一个碗的形状，这也丝毫不会改变"四色"的要求。

那么，平面和环面究竟有什么不同因素，使它们对颜色多少的要求有所不同呢？

你试试看，能不能模仿环面上的七色地图，在平面上也画一个七色图呢？这一试，你马上就会感觉出平面和环面的巨大差别了：原来在环面上，你无论向哪一个方向走去，都会回到原来的地方。

球的表面叫作球面，它也有这样的性质。但是，环面和球面还有一个很大的差别：如果你沿着一个方向把球面剪开，球面就分成了不相连的两块。在这一点上，球面和平面是一致的。

再在环面上试一试，你可以这样剪两次，而环面还不会变成两块。这就是说，环面的各部分之间的联系，比平面和球面多，你剪断了其中的两种联系，它还能连在一起。

因此我们说：平面和球面的连接数是"1"，环面的连接数是"3"。连接数大，需要的颜色就多。

研究这些问题的数学叫拓扑学。这是几何学的一个分支。

在拓扑学中，不关心初等几何中大家熟悉的东西，比如平面、垂直、全等形等，只研究图形的这一部分和那一部分是不是互相连接，这叫作图形的拓扑性质。

如果一个图形是画在橡皮膜上的，那么，把这个橡皮膜随便拉一拉，压一压，卷一卷，图形的样子可能发生很大的变化，三角形可能变成了圆形；但是只要不把橡皮膜弄破，图形的哪个部分连着哪个部分是不会改变的，也就是说，图形的拓扑性质是不会改变的。所以，有人把拓扑学形象地叫作橡皮膜上的几何学。

通向"色数"的桥梁
—— 欧拉公式

在数学中，感觉到是一回事，证明出来是另外一回事，这两者之间的距离可能十分遥远。著名的哥德巴赫猜想就是一个明显的例子。

四色问题也是早就感觉到了的，后来经过了 100 多年才得到证明，耗费了许多数学家的精力。

数学家最初对这个问题不感兴趣，以为它太简单，不屑于考虑。后来，他们发现这个问题比想象的要困难得多，为了证明它，要研究许多有关的问题。其中很重要的一个问题，是要深入研究连接数和色数的关系。

给一张地图染色，最要紧的是各个国家谁挨着谁。边界线相交的地方，是三个国家的哨兵都可以到达的地方，我们把这种点叫作顶点。为了简单起见，我们假定没有 4 个或者更多的国家的哨兵可以到达的顶点。

顶点把边界线分成一段一段的，每一段边界线的两侧是两个国家。

一张地图，如果有 n 个顶点、m 段边界线和 p 个国家，那么：$n-m+p=2$。

这就是有名的欧拉公式。

上页右下侧那张简单的地图，它有 4 个顶点（标明了 1、2、3、4），有 6 段边界（1 到 2、1 到 3、1 到 4、2 到 3、3 到 4、4 到 2），分为 4 个国家 A、B、C、D（其中 D 占有圆圈外面的所有土地）。这样就有 $n=4$，$m=6$，$p=4$；$n-m+p=4-6+4=2$，恰好合乎公式。

下面这张地图比较复杂，可以数出来 $n=10$，$m=15$，$p=7$；$n-m+p=10-15+7=2$，也恰好合乎公式。

对于环面来说，这个公式就不正确了。上节那张七色图，可以数出 $n=14$，$m=21$，$p=7$；$n-m+p=14-21+7=0$。

我们可以把欧拉公式稍加修改，变成：

$$n-m+p=3-h。$$

这里 h 是连接数。

对于平面来说，连接数 $h=1$，等号右边的 $3-h=2$，这个公式就变成前面写过的公式。

对于环面来说，连接数 $h=3$，等号右边的 $3-h=0$，所以：

$$n-m+p=0。$$

这就是环面的欧拉公式。环面的七色图，正好与这个公式相吻合。

欧拉公式把连接数、顶点数、边界数和国家数联系在一起，是从连接数通到色数的一座桥梁。

四色问题的副产品
——莫比乌斯环

    19 世纪的几何学家莫比乌斯也研究过四色问题。他没有解决这个问题,却发现了一种连接数 $h=2$ 的曲面。后来,人们把这个曲面叫作莫比乌斯环。

    莫比乌斯环不只与四色问题有关,还和许多有趣的拓扑学问题有关。

    现在,我们通过一个有趣的问题,来介绍莫比乌斯环。

    某个地区有 3 个村庄和 3 个学校,现在要从每一个村庄到 3 个学校各修一条路，能不能使这些路互不相交呢？

每个村庄要修 3 条路通向 3 个学校，所以总共得修 3×3=9 条路。图上画出了 8 条路，要修第 9 条路就不可能了。

你可以再试试，我断定你也会失败的。为什么呢？欧拉公式 $n-m+p=2$ 可以说明这一点。

假定你竟把这 9 条路都修好了，那么，每个村庄和每个学校，就相当于一个顶点（n），每一条路就相当于一段边界（m），道路之间

的土地就相当于分成若干个国家（p）。因为有
9 条路、6 个顶点，所以根据欧拉公式：

$$6-9+p=2，得 p=5。$$

就是说有 5 个国家。

可是，从一个村庄出发，随便走一段路，
就会到达一个学校；再走一段路，就会到达另
一个村庄；再走一段路，又会到达另一个学校。
总之，走 3 段路是不会回到原地的，也就是说，
3 段边界围不出一个国家。可见每个国家至少
有 4 段边界。

我们知道，每一段边界两侧各有一个国家，
9 条边界两侧共有 18 个国家。现在，每一个国
家至少有 4 段边界，$18 \div 4=4.5$，而国家的数目
不可能出现小数，所以国家至多是 4 个。

这里说国家至多是 4 个，前面根据欧拉公
式算出来，国家必须有 5 个，这不就矛盾了吗？

这只能说明开始的假定是不合理的，也就是说，你不可能按题目提出的要求把路修好。

这种在地面上不可能完成的修路计划，在特殊的曲面上倒是可以完成。把 $n=6$、$m=9$、$p=4$ 代进欧拉公式：

$$6-9+4=3-h，得 h=2。$$

这说明在连接数是 2 的曲面上，就可以修好这样的 9 条路。莫比乌斯环正是一种连接数是 2 的曲面。

什么是莫比乌斯环呢？

把一个长的纸条，如左图扭转 180°，把两端粘在一起，就成了一个莫比乌斯环。

你把莫比乌斯环沿中线剪开。不要以为这

样一剪，环就分成了两个。它仍旧是一个纸环，当然大了一倍，仔细检查一下，它扭了360°。

剪了一圈，它没有分成两片，可见它的连接数至少是 2。

如果用刚才的办法，再沿中线剪一圈，纸环分成互不相连的两个环，虽然它们互相套着。这说明莫比乌斯环的连接数不是 3，只可能是 2。

现在我们就来看一看，怎样在连接数是 2 的莫比乌斯环上安排那 9 条路。

用一张透明的纸来做一个莫比乌斯环。在黏合以前，先按上图的办法画好。如果你用的纸不是透明的，那就要正反两面都画好，粘好之后，你就会得到一个修路的方案。

莫比乌斯环有许多有趣的性质。它没有正反两面，换句话说，你没有办法把它一面染成蓝的，一面染成红的。不信你就试试看。它没有上下两条边，换句话说，你没有办法把它的一条边染成红的，另一条边染成蓝的。不信你就试试看。

在莫比乌斯环上画地图，根据前面所说的原则染色，需要 5 种颜色。你不妨试试看。

还有一个有趣的问题，也是在平面上办不到，但在莫比乌斯环上可以办到。这个问题是：有个地区有 5 个村庄，在每两个村庄之间修一条公路，能不能使这些公路都不相交？

试验田里的数学

村里引进了 5 个新的小麦品种。想知道哪个品种对本地最合适，这就要种试验田。

有人说，找 5 块田，分别种上 5 个不同的品种，到明年夏收算出亩产，就可以确定哪个品种最好了。

这个办法有很明显的缺点。因为 5 块田的各种条件不可能完全相同，亩产的高低，不能作为选择品种的可靠标准。

有人说，最好找一大块田，把它分成 5 小块，分别种上 5 个不同的品种，自然条件总可以一致了吧。

这个办法还是有缺点，比如说，灌渠的水是从东向西流的，东边与西边的条件就不一样。

数学家研究了这个问题，建议把一块地分成 5×5=25 小块，按照下图的办法，分别种上 A、B、C、D、E 5 种小麦。

A	B	C	D	E
E	A	B	C	D
D	E	A	B	C
C	D	E	A	B
B	C	D	E	A

北 ↑

这个图有一个巧妙的特点：在每一竖行中，A、B、C、D、E 各出现一次；在每一横行中，A、B、C、D、E 也是各出现一次。

如果这块地南边比北边肥一些，现在不论南边北边，5 个品种都有，还是可以从亩产比较它们的优劣。

这个巧妙的办法是怎样编排出来的呢？

为了方便，我们去掉方格，留下字母：

$$A \quad B \quad C \quad D \quad E$$
$$E \quad A \quad B \quad C \quad D$$
$$D \quad E \quad A \quad B \quad C$$
$$C \quad D \quad E \quad A \quad B$$
$$B \quad C \quad D \quad E \quad A$$

这是一个用拉丁字母排成的方块，在数学里叫"拉丁方"。它有几个不同的字母，就有多少横行，多少竖行，每一横行和每一竖行中，每个字母恰好出现一次。这个拉丁方有 5 个不同的字母，是 5 阶的。下面是一个 4 阶拉丁方：

$$A \quad B \quad C \quad D$$
$$D \quad A \quad B \quad C$$
$$C \quad D \quad A \quad B$$
$$B \quad C \quad D \quad A$$

我们用 5 阶拉丁方作为例子，来说明拉丁方的编排法。

先从左到右写一排 *A*、*B*、*C*、*D*、*E*；然后依次错后一行，写上四行 *A*、*B*、*C*、*D*、*E*，成为一个平行四边形的样子；再把右边突出的一块三角形的部分剪下来，贴到左边空着的一块三角形上，这就成了前面的拉丁方。

用这个方法，可以编排出随便多少阶的拉丁方。

编排拉丁方，看起来简单，其实是一件很复杂的工作。许多数学家一直在寻找编排各种不同的拉丁方的方法。

　　也许你会问，有了一种拉丁方不就行了吗？
为什么非要编出各种不同的拉丁方来呢？

　　要回答这个问题，我们得回到小麦试验
田去。

　　种试验田要犁田、播种、施肥、中耕、收割，
每件工作都不可能在 25 块田里同时进行。

　　就说播种吧，如果一天只能播完 5 小块田，
那怎样安排才好呢？

　　如果第一天把品种 A 的 5 小块田播完，第
二天播品种 B 的 5 小块田，第三天播品种 C……
直到第五天，才把 5 个品种都播完。5 个品种

的播种日期就有了先后，而这 5 天的天气如果各不相同，有的日子刮风，有的日子下雨，这就必然会影响试验。

针对这种情况，我们就需要编排出另一种拉丁方：

$$Aa \quad Bb \quad Cc \quad Dd \quad Ee$$
$$Ed \quad Ae \quad Ba \quad Cb \quad Dc$$
$$Db \quad Ec \quad Ad \quad Be \quad Ca$$
$$Ce \quad Da \quad Eb \quad Ac \quad Bd$$
$$Bc \quad Cd \quad De \quad Ea \quad Ab$$

这里的 A、B、C、D、E 代表 5 个品种；a、b、c、d、e 代表播种日期。仔细看这个表，你就会发现：

每一横行中，A、B、C、D、E 各有一个，每一竖行也是这样。

5 个有 A 的地方，a、b、c、d、e 各有一个；B、C、D、E 也是这样。

5个有 a 的地方，A、B、C、D、E 各有一个；b、c、d、e 也是这样。

按这个表来安排播种，就可以解决前面提出的问题。

这个复杂的拉丁方，实际上是重叠起来的两个拉丁方。如果能搭配得这样巧，我们就说这两个拉丁方是正交的。一次实验，常常需要许多个拉丁方，而且要求其中的每两个都是正交的。因此，寻找更多互相正交的拉丁方，就成了很有实际意义的数学问题。

研究这种问题的数学，叫作实验设计。

如果找不到大块田

　　农业科学家告诉我们，试验田得有一定的大小，太小了会影响试验的结果。如果试验的品种比较多，又找不到大块地来划分成许多小块，这该怎么办呢？

　　假定要比较7个小麦品种：A、B、C、D、E、F、G。我们找到了7块地，每一块地只能划分成3块试验田。在这种情况下，我们就不可能在每一块地里把7种小麦都种上了。但是最低的要求，是让任何两种小麦都能够在同一块地里进行比较，这样才能保证试验结果的准确性。

1	2	3	4	5	6	7
A	A	A	B	B	C	C
B	D	F	D	E	D	E
C	E	G	F	G	G	F

上面这个表，1、2、3、4、5、6、7 表示 7 块地。1 下面写着 A、B、C 3 个字母，表示在这第一块地的 3 块试验田里，分别种上 A、B、C 3 种小麦。

你看，那些第三块地种错小麦品种了，明天重新种。

仔细看这个表，你会发现：每一种小麦，都种在 3 块地里。比如 A 种在 1、2、3 三块地里；D 种在 2、4、6 三块地里。

每两种小麦，都会在某一块地里同时出现。比如 A 和 B，同时出现在 1 这块地里；*E* 和 *F*，同时出现在 7 这块地里。

这样安排，满足了前面所说的最低要求。

这样的一张表，在数学中叫作区组设计，是实验设计的一部分。

上面这个区组设计规模不太大，它的要求是：在 7 个区组安排 7 个字母，每个字母重复 3 次，每两个字母相遇一次。用"试探法"就可以把这个拉丁方编排出来：

首先，把每一块地分为 3 小块，共有 $7 \times 3 = 21$ 块试验田。小麦品种是 7 种，每一种可以种在 $21 \div 7 = 3$ 块试验田里。这就是说，在编排出来的拉丁方里，*A*、*B*、*C*、*D*、*E*、*F*、*G* 7 个字母各有 3 个。

其次，每一个品种应和其余 6 个品种比较。以 *A* 为例，有 3 块地可以种 *A*，这 3 块地的每一块又分成 3 块试验田，因此每块地还可以种

另外两个品种和 A 做比较。应该和 A 比较的品种是 B、C、D、E、F、G 共 6 种，恰好在每一块地里种两个品种。

第三，A 随便安排在哪三块地里都可以，这里把它安排在 1、2、3 三块地里。然后把其余 6 个品种分成 3 组，每组两个，分别安排在这三块地里。比如：

1	2	3	4	5	6	7
A	A	A				
B	D	F				
C	E	G				

第四，再考虑其他四块田怎么办。A 已经有了 3 个，不能再有 A 了。B 才有一个，还应该有两个，就可以把它安排在 4 和 5 两块地里。C 也差两个，但是在 1 中，C 和 B 已经同时出现了，不能再同时出现在 4 和 5 中，所以应该把 C 安排在 6 和 7 两块地里。

1	2	3	4	5	6	7
A	A	A	B	B	C	C
B	D	F				
C	E	G				

第五，*B*、*C* 也都出现了 3 次，*D* 怎么办呢？

还差两个 *D*，一个可以安排在 4 中，让它和 *B*

比较；另一个可以安排在 6 中，让它和 *C* 比较。

1	2	3	4	5	6	7
A	A	A	B	B	C	C
B	D	F	D		D	
C	E	G				

第六，再来安排两个 *E*。*D* 与 *E* 已经同时

出现在 2 中，它们不能再放在一起了，所以 *E*

只能安排在 5 和 7 两块地里。

1	2	3	4	5	6	7
A	A	A	B	B	C	C
B	D	F	D	E	D	E
C	E	G				

　　第七，还有两个 F，一个安排在 4 中让它和 B、D 比较；另一个就不应该安排在有 B 和有 D 的地里，只能安排在 7 中。

1	2	3	4	5	6	7
A	A	A	B	B	C	C
B	D	F	D	E	D	E
C	E	G	F			F

　　第八，剩下的两个位置，正好写上两个 G。

　　最后仔细检查一遍，种种条件都照顾到了，得到前面写过的那个区组设计。

　　这种试探法看起来像拼凑，似乎不能称作数学。其实不然。在近代数学中，试探法是一种寻求解答的重要方法。

再走一步
——回到了几何学中

如果有9块地，每一块可以分成3块试验田，要比较9个品种，按上一节的办法，怎么来做一个区组设计？

先分析一下，9块地分成 $3 \times 9 = 27$ 块试验田，每一个品种种3块试验田，只能和6个品种做比较。现在有9个品种，每一个品种要和8个品种比较，这是一个矛盾。怎么办呢？只好放低要求，允许有的品种不必在同一块地里做直接比较。当然有一条要求是不能动摇的，每两个品种在同一块地里出现的次数，至多只能一次。代表9个品种的9个字母是A、B、C、D、E、F、G、H、I。和上一节一样，先写出：

1	2	3	4	5	6	7	8	9
A	A	A	B	B	C	C		
B	D	F						
C	E	G						

注意，H、I还一个也没有写上，8和9两块地还空着。不妨试一试，在8中写一个H，9中写一个I：

1	2	3	4	5	6	7	8	9
A	A	A	B	B	C	C	H	I
B	D	F						
C	E	G						

到这里为止，A、B、C都已出现了3次；D、E、F、G、H、I各出现一次，还差两次；而4到9这6块地里还各有两个空位。

D、E、F、G该写在哪里，还不清楚。可

是 H 只能写在4、5、6、7、9中，I 只能写在4、

5、6、7、8中，所以可以写出：

1	2	3	4	5	6	7	8	9
A	A	A	B	B	C	C	H	I
B	D	F						
C	E	G	H	I	H	I		

这样一步一步地试探下去，可以得到几种

不同的解答，其中的一种请看下表：

1	2	3	4	5	6	7	8	9
A	A	A	B	B	C	C	H	I
B	D	F	D	G	F	E	E	D
C	E	G	H	I	H	I	G	F

这就解决了9个品种小麦试验田的设计

问题。

解决这个问题的思路和方法，可以用来解

决有趣的九树十行问题：

把9棵树种在花园里，使它们排成10行，每

一行上有3棵树，应该怎样种？

　　我们先研究一下容易一些的九树九行问题。

　　9棵树排成9行，每行3棵树，看来矛盾，其实不然，因为每一棵树都可以是某几行的交点。比如说，9棵树种成一个"田"字形，就可以排成8行：

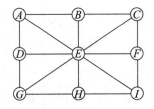

　　图上的 *B*、*D*、*F*、*H* 是两行的交点，*A*、*C*、*G*、*I* 是3行的交点，*E* 是4行的交点。

　　为了增加一行，我们可以利用前面的表。在这个表里，每一竖行中的3个字母，表示这3棵树应该出现在同一行中。

　　随便在地面上选两个地方种上 *H* 和 *I*，从 *H* 画出3条线，分别注上4、6、8；从 *I* 画出3

线，分别注上5、7、9，表示它们相当于表上的

哪一竖行。

从表上可以看出，B应该在4和5两条直线

上，也就是说，4和5相交的地方应该是B。同

样，6和7相交的地方应该是C。这样就不难把

B、C、D、E、F、G的位置都找到了。

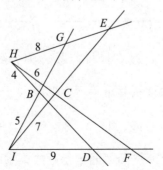

剩下了 *A* 点，它应该放在哪里呢？从表上看，*A*、*D*、*E* 应形成一条直线，*A*、*F*、*G* 也应形成一条直线。换句话说，*A* 应该在连接 *GF* 和 *DE* 的两条直线相交的地方。

从表上看，*A*、*C*、*B* 也应在一条直线上。你拿尺在图上一比，巧极了，它们恰好在一直线上。这样一来，九树九行的问题就解决了。

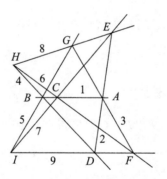

九树十行没有这样容易，因为最有希望的 *G*、*C*、*D* 3 棵树并不见得会形成一直线。为了使它们能成一直线，4、6、8、5、7、9 这 6 条直线的方向要有所选择，通常是画成下图的样子。

我们看到，不管 H、I 放在什么位置，4、6、8、5、7、9 的方向怎样选择，第 9 行 A、C、B 都是自然出现的，而第 10 行却不是自然出现的。第 9 行的这种自然出现的规律叫作布朗香定理。

这个定理属于射影几何的范围。在射影几何中，不研究图形的长度、角度、面积等性质，专门研究直线通过哪些点、几条直线会不会相交于一点等诸如此类的问题。

如果你把类似上面的图形画在一块玻璃板

上，用普通电灯把它的影子照在桌面上，当你改变玻璃板的高度和角度，桌面上的图形的大小、各线段之间的比例关系、各直线之间的角度，都会发生变化。但是，在图形中哪些线通过哪些点，哪些线相交于哪些点，却是不会改变的。射影几何研究的，就是图形的那些通过射影保持不变的性质。

　　射影几何是数学的一个古老的分支。因为它和实验设计有深刻的联系，现在又焕发了新的青春，并且产生出了一个新的数学分支——有限几何学。

图的世界

　　书上的插图很重要，能引起我们看书的兴趣，又能帮助我们领会和思考问题。

　　比如说，校园里有一些树。有一棵最高的杨树，它的北面3米有5棵排成一排的榆树；榆树的北边3米是1棵槐树；槐树的西边5米是1棵大柳树；柳树北边3米有20棵排成一排的松树，最东边的1棵是今年刚栽的；这棵树的南边8米是1棵枣树；从这棵枣树向东2米，再向北2米是1棵榆树。问校园里共有多少树？

像这样一个问题，你如果不画一个图，很容易搞乱；画了图之后，却是一个很容易的问题。

图不但可以画出各种位置之间的关系，而且可以表示各种概念之间的关系。

左边图上用箭头表示出许多关系。比如正方形是一种特殊的长方形，长方形是一种特殊的圆内接四边形。你还可以试试，看怎样把梯形、等腰梯形也加到这个图中去。

用图也可以表示出一些整数之间谁能除尽谁的关系（见下图）。

以前，人们还用图来表示家族关系。

这种图现在用在生物学中了。

化学变化也可以用图。

在计算机科学中，计算方案也用流程图表示（开始时，x 是一个正整数，y 是0）。

在语言学中，用图表示一句话。

这句话的意思是：小李知道，只要是他唱的，小王一定爱听。

　　总之，画图是一种可以帮助我们弄清关系和解决问题的方法。现代的科学技术经常要用图，简直是个图的世界。

　　图画得多了，人们发现，有许多不同的问题，画出图来却变成了同一类问题。因而人们干脆研究图上的这一类问题，把它研究清楚了，就解决了各种不同的问题。

　　于是，数学又产生了一个分支，叫作图论，专门研究关于图的各种问题。图论里说的图，是把一些点用箭头连接在一起的图形。

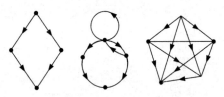

　　在这种图上，每一个点表示什么，可以有各种各样的解释。前面画的那些图，有的图上每个点代表一个数，有的图上每个点代表一个

概念，有的图上每个点代表一个人、一件事物或者一种工作。

图上的每一条线代表什么，也可以有各种各样的解释。

但是在图论里，点就是点，线就是线，不做任何解释。在这样的图上，如果发现了什么规律性的东西，那么不管你怎样解释这张图，这个规律总是起作用的。

规律是一般性的，和怎样解释没有关系。不受解释的影响，这是数学的一个鲜明特点。

最短路程问题

你初到北京，想从中山公园去天文馆，打开交通路线图，很快就可以找到怎么走最好。如果没有交通图，只有一张各路公共汽车经过的站名一览表，你就会感到困难得多。

学会在一张复杂的图上找出最好的一条路，往往可以帮我们解决许多别的问题。比如，一个人带了一只狼、一只羊和一筐白菜，要过一条河。可是船太小，一次只能带一样东西过河。如果他不在，狼要吃羊，羊要吃白菜。问他应该怎样摆渡？

这个问题，就可以转化为在图上找出一条道路的问题。

为了简便起见，我们用 R、L、Y 和 B 表示人、狼、羊和白菜。R、L、Y、B 最初都在河的这边，用 $RLYB$ 表示。如果人把羊带到对岸，留

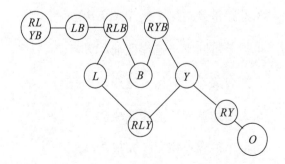

在河这边的狼和白菜用LB表示，并且把$RLYB$画一个箭头指向LB。O表示河这岸什么也没有了。

连线不带箭头，表示可以演变过去，也可以演变回来，叫无向图。从这个图上可以看出两种解决方案：

$RLYB \rightarrow LB \rightarrow RLB \rightarrow B \rightarrow RYB \rightarrow Y \rightarrow RY \rightarrow O$；

$RLYB \rightarrow LB \rightarrow RLB \rightarrow L \rightarrow RLY \rightarrow Y \rightarrow RY \rightarrow O$。

用话来说，前一个方案是：

1.把羊带到对岸（这岸剩下LB）；

2.人回到这边（这岸变成RLB）；

3.把狼带到对岸（这岸剩下B）；

4.把羊带回来（这岸变成RYB）；

5.把白菜带到对岸（这岸剩下Y）；

6.人回到这岸（这岸变成RY）；

7.把羊带到对岸（这岸成为O）。

许多智力测验都是这种类型的问题。其中最有趣的问题之一是这样的（见下图）：

A、B、C、D、E、F、G、H、I、J是10块木块，它们的各边长是1厘米或者2厘米，放在一个4厘米宽、5厘米长的木盒内。木盒边上有2厘米宽的一个缺口。只许木块在盒内移动，不许把它们拿出来，最后要让A从缺口的地方移出来。

解决这个问题，一般人需要几小时。它也可以转化成一个在图上找道路的问题。这个图很大，用电子计算机可以很快解决这个问题。

如果把图的每一个箭头都注上一个数，表示距离或者花费的时间或者需要的车费，那么，我们还可以求最短的或者最节约时间的或者最省车费的路线。下面是一个山区地图，从A到B，每一段路需要用的时间都注明了。问怎么走最快？

解决这种问题有许多办法。有一个很好的方法是：

图上从A直接到E的一段路要走7小时，但

是从A到F、再到E，只用3+2=5小时就够了。因此，我们可以断定，最快的走法一定不走AE这段路。同样，FI、IB、GB、HI、DH都是用不着的。我们把它们从图上擦掉：

再仔细看，FJ、ED、AD也是用不着的，也把它们擦掉，这个图可以简化成：

一看，*IB*是用不着的，把它擦掉后，图又

简化成：

再一看，*CD*是用不着的，把它擦掉后，图

再可以简化成：

最后擦掉*A*经*C*到*G*的路，就得到：

A–F–E–I–D–G–H–B。

这条路，总共用14小时就可以到达。

请你在开始的图上把这条路标记出来。走这条迂回曲折的道路，用的时间最少。

许多图上的问题，经过这样一步一步地调整，最后就能得到解答。

最大流问题

图论的另一个有趣的问题，是最大流问题。

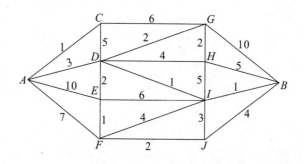

这个图上的数字，代表各条公路上每分钟可以通过的卡车数。问从 A 发车到 B，每分钟最多可以发多少辆卡车？

从A出发的分路有4条，如果都充分利用，每分钟可以发出1+3+10+7=21辆卡车。但是到达B的4条路，每分钟只可以通过10+5+1+4=20辆卡车。因此不可能充分利用从A出发的4条公路的通车量。

那么，从A每分钟发出20辆卡车，是不是一定能通过呢？也不一定。如果中间有哪一段路比较差，就通过不了。

图论给我们提供一个办法：从左向右，逐渐增加。

我们先决定每分钟发出1辆车，从A经过C和G，到B。

那么从C到G的路上，每分钟还可以增加5辆车；从G到B的路上，每分钟还可以增加9辆车。

现在，我们每分钟再发3辆车，从A经过D、C、G，到B（见下图）。

这样，从C到G的路还有空。我们每分钟让两辆车从A经E、D、C、G到达B点（见下图）。

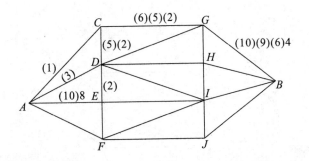

现在，从 G 到 B 的路还有空。我们每分钟让

一辆卡车经 E、I、D、G 到达 B 点。

继续往下做，就可以得到下图。

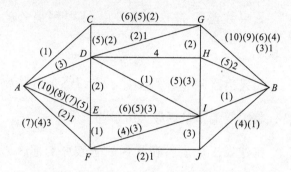

这说明最大的车流量是这样组织的：

1辆——从 A 经 C、G 到 B，

3辆——从 A 经 D、C、G 到 B，

2辆——从 A 经 E、D、C、G 到 B，

1辆——从 A 经 E、I、D、G 到 B，

2辆——从 A 经 E、I、H、G 到 B，

3辆——从 A 经 E、I、H 到 B，

1辆——从 A 经 E、F、I 到 B，

3辆——从A经F、I、J到B，

1辆——从A经F、J到B。

合计每分钟从A发出17辆车。

如果线路上有立体交叉，就得用另外的方法。

如果道路网设计得不好，各段不能互相配合，就需要编排车辆最大流量的调度方案。

在建设工地上，在受到战争破坏的地区，做出这样的车辆调度方案更是必需的。

最大流的问题不一定是运输问题。

比如，一个小组有5个同学A、B、C、D、E，需要完成5件工作a、b、c、d、e。但是这5个同学，每人只会做5种工作中的两种；每种工作，又只有两个人会做。应该怎样安排才妥当呢？

我们就可以把这个问题转化成最大流问

题，画出图来研究。图上的直线表示谁会做哪

种工作。

我们把这个图扩充为：

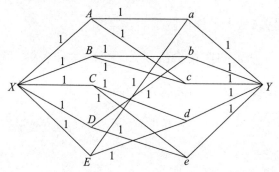

图上 X 表示工作安排，相当于发车点；Y 表

示工作结果，相当于车的到达点。然后求出最

大流。

1辆——从X经A、c到Y，

1辆——从X经B、b到Y，

1辆——从X经C、d到Y，

1辆——从X经D、e到Y，

1辆——从X经E、a到Y。

这就找到了分配工作的方案：A做c，B做b，C做d，D做e，E做a。如果不先研究好，随意分配，就可能行不通。比如让A做a，C做d，那么E就无工作可做了。

图论的实用价值很大，又包含许多极有趣的问题，所以研究的人不少。